犬々《わんわん》ワンダーランド 1

もくじ

登場人物（犬）紹介

まんきつ

漫画家。愛犬のポテト、銀と暮らす。
趣味はサウナと美容と園芸

ポテト

元野良犬だった雑種。12歳、メス。
人が苦手で臆病な性格

銀

ペットショップで買った黒柴。3歳、オス。
人懐っこい人気者

vol.1 真逆の二匹

犬だ
ハッハッハッハッ
さわってもいいですか?
どうぞ
ヤバかわいい
こんなに人懐っこいと誘拐されそう
よく言われます〜
こっちの犬は?
人が苦手だから初対面の人は難しいかも
おいで〜

真逆の性格
してますね
12年前
動物保護会から
引き取った
ポテトは
当時
他の犬と馴染めずに
一匹だけ
隔離されていた
家に来た頃は
テレビをつけると
震えて
プル
プル
散歩へ行くことも
出来なかった
黒いシャカシャカを
着た男の人が苦手
シャカ
シャカ
人が大勢いる
道も苦手
野良犬として
保護されていた
ポテトと
かたやお店で
売られていた銀
真逆の境遇と
真逆の性格の二匹が
すや
スピー
縁あって
うちで暮らしている

vol.2 人気者と臆病者

銀ちゃん会いたかったよ
ハッハッ
あら～銀ちゃん会えてうれしい
銀は近所の人気者だと思う
病院でも物怖じせず
診察台の上でこんなにしっぽがクルンとしている犬ははじめてです
銀ちゃんが来るのが本当に楽しみで
たくさん来てくださいね
あっ、病院だからたくさん来るのはよくないのか
誰にでもフレンドリー
一方……
その様子をただ見つめるポテト
何を思っているのか
ポテは早く帰りたいよね
ある日
あらそっちのワンちゃんは？
こっちは人が苦手なので

そっか…名前は？
ポテトです
ポテト…というよりレンコンよね
シュッとしているから
確かに男爵いもじゃないですね
じゃあレンコンちゃんね
レンちゃん
いやぁむずかしっスよ
ハラハラハラ
ドキッ
初対面の人に体をさわらせた!?
くるっ
えっ…すごい得意げ……
あんたやればできるんだね
でも無理しないでいいんだよ
ドキドキ
おかーさんドキドキしちゃうた
ドキ
その日、こころなしかポテトの足取りが軽く見えたが
飼い主の寿命は確かに縮まった

vol.3 飼いたい子供 その1

12年前
息子と行った
近所のホームセンター
用品
ハムスター飼いたい
ポリポリポリポリ
ハムスターなんてクロが瞬殺だよ
当時飼っていた元野良のクロは
たまに脱走しては
ニャリ
スズメや野ネズミを獲って帰ってきた
スッ
砂肝だけ残して完食する
ハムスターを飼うことで起こり得る悲劇はできれば避けたい
砂肝
ちっさくてすばしっこい生き物はうちじゃ無理
飼いたいよう
飼ってよう飼ってよう
ホームセンターの床に寝転び
かつてない駄々をこねはじめた息子
しくしく
しく
わかった
おばちゃんからも言ってやる

通りすがりのおばちゃん
お母さん
お願いします ハムスターを飼ってあげてください
ええっ
しくしくしく
うちは猫がいるんで
あら～そう
おばちゃん力になれなくてごめんねぇ
ふと視線を感じて振り返ると
あ、フフ 犬が見てるよ
5ケ月
¥24000
MIX¥48000
5ケ月
MIX¥48000
ん？ 雑種!?
ペットショップで雑種を売る時代か～
おかーさん
犬ならいい？
ほほうそう来るか
犬～犬～犬～
犬～犬～
てゆーか
この犬…明らかに売れ残りだよね
MIX ¥24000 ¥48000
チワワ
あのワンちゃん売れなかったら保健所に行くんですか？
いえいえ業者さんが引き取るんですよ
家に帰ってもなんとなく昼間見た犬のことが気になって
業者さんってなんだ？
翌日
あの犬うちで飼うか
やったー
あのワンちゃんたった今売れました
残念だけど少しホッとした

vol.4 飼いたい子供 その2

まだポテトと出会う前――
うわあん
うっうっ
しくしくしくしく
ヤベェ…
飼う前からペットロスだ
オェッ
飼うつもりだったホームセンターの犬は他の人に買われていった……
もう死にたい
そこまで？
簡単に死ぬとか言うんじゃないよ
こういうのは縁だから
縁がなかったんだあきらめな
クロちゃんがいるでしょ
ミャッ
犬も好きなの
あの犬がよかったの
ありゃ？これどこかで見たことあるぞ
ズ～ズ～
うっうっ
しくしく
捨て犬だ～
かわいい

お母さん
この犬
飼っていい？
まんきう
6さい
ダメ
元の場所に
返してきなさい
いぬ〜〜うわぁぁ
犬〜〜うわぁぁぁ
飼いたい
飼いたいよぅ
ダメッ
ちゃんと
世話するから
お願い
キューちゃんが
いるがね
ごめん
ください
キューちゃん
ばーか
クソババア
お父さんに
言うよ
飼ってくれる人を
見つけようとして
妹と近所を回った
ピンポーン
犬飼いませんか？
おばちゃんちは
飼えないわぁ
留守のふりをする
「居留守」を
知ったのも
このときだった
ピンポン
いんじゃん
飼い主は
見つからず
結局
空き地で飼っていたが
ほり
パンもってきたよ
ある日突然
姿を消してしまった
保健所が
連れてったん
かねぇ
昔は捨て犬や捨て猫
野良がたくさんいて
お金を払って
犬を飼う世界が
あることを
知らなかった
保健所に
連れて行かれた犬は
殺処分されると
知ったのは
しばらく後のことだ

vol.5 いちばんおとなしい犬

そうだ
保健所の犬を引き取ればいいんじゃん
保護団体に連絡すると
カタカタ
Re 譲渡の
ご連絡ありがと
もし譲渡希望
隣町に〇さん
があるので
隣町に保健所の犬を何匹も引き取り保護している方がいるとのこと
電話をかけた
自宅はペット可か 転勤はあるか 日中は家にいるか 室内飼育かどうか 夫とその両親は動物が好きか…… かなり詳細に聞かれ
はい 義理の両親が近所に
小学2年頃はじめて犬を飼って 今は猫が一匹 動物アレルギーないです
ぜひ見学に来てほしいとのことで 翌日訪れることになった
電話の方ね
到着すると数十匹の犬が一斉に吠え出した
ワン
わん
ワン
ワン
門の中に入れば吠えないわよ
さ 入って
言われた通り門の内側に入ると犬は吠えなくなった
わ〜
バッ
ゾロゾロ
威嚇してる
グウゥーウゥ…
ルンちゃんは人が怖いの 犬とは仲いいんだけど

お好きな犬を どうぞゆっくり 選んで
この人がここの ボスか……
あの うちは猫がいるので 猫と共存できる
おとなしい 犬がいいんです この中でいちばん おとなしい犬を…
ちょっと 待ってて
そう言って 家の中へ消え
一匹の子犬を 抱いて 戻ってきた
とても臆病で 他の犬数匹に いじめられてね だからこの犬は 別の場所
生後4か月 くらいね
けっこう 大きくなるかも しれないわ～
けどね 家の中に 大きい犬がいるって すっごくいいわよ
もし無理だったら ここに返しに来て いいですから
うん
この犬がいい
この日ポテトは 我が家の一員に なった

vol.6 雷と尻

保護していた方の言う通りポテトは大きく成長した
ピカッ
ゴロゴロゴロ
ガタガタガタガタ
ピタ
臆病な性格はそのままだ
ガタガタ ガタガタ
助けを求める目
ゴロゴロゴロ…
音止めてくれって？これは無理なんだよ
カタカタカタカタ
音を出しているの私じゃないの
ね、もうそろそろ学習しよ
ガタガタガタガタ
銀は？
スヤァー！

ピカッ
ポテちゃん
お布団入る？
対比が
すげーや
ゴロゴロ…
あ、起きた
うろうろ
うろうろ
音の出どころ
を探してるな
フフフ
キョロ
？
キョロ
？
ピタ
フフ
かわいい
やだ
お尻つけてきた
一応怖いんだね
ピタッ
ちょ
何なに？
二匹とも
やーもう
かわいい
ピカッ
たまや～
ゴロゴロゴロ…

vol.7 偏食

じーーー
ごそ
スッ
カサ…
ふわふわ砂ぎも
シュバッ
おすわり
ふわふわ砂ぎも
はいどうぞ
もく
ガッ
おいしいねぇ
ガッ
ポテちゃんオヤツは食べるんだよね
ポテトはご飯を食べるときと食べないときの差が激しい
今日は食べている
手作りご飯なら食べると思いきや
茹でた
・鶏むね肉
・キャベツ
・さつまいも
・米
ある日突然食べなくなったり
何年たっても警戒心の強さは変わらず
かなり偏食なのだ
ただ…

ほとんど
残したご飯を
銀が食べようと
すると
食べさせまいと
邪魔をする
ヌッ
その後
食べるわけ
でもなく
結局すべて
捨てることになる
一方
銀は何でも
よく食べる
ガッ
ガッ
ガッ
お腹が減ると
皿を叩いて
餌の催促をする
今日はすでに
3回ご飯食べてる
でしょ
カン カン
カン カン
カン
深夜でも
皿をくわえて
起こしに来る
もう
食べたよ
ポテトにもたくさん
食べてもらい
もう少し
太ってほしい
ポテちゃんみたいな
性格の犬って
ほかにもいるのかな
そうだ
保護していた
荻原さんに
聞いてみよう
たくさんの犬を
送り出してきた人なら
何かよいアドバイスを
くれるかも
荻原さんに
電話をかけた

vol.8 保護活動の荻原さん その1

電車に揺られて
1時間30分
12年前
ポテトを
引き取った
保護活動をしている
荻原さんのお宅に
お邪魔した
こんにちは
荻原さん
今日は
よろしく
お願いします
ラクにして
くださいね
ありがとう
ございます
なんでも
聞いてください
たくさんいた
ワンちゃんたちは
どこへ行ったんですか
みんな
引き取られて
いきました
ここ最近は
野良犬は本当に
少なくなって
今はほぼ猫
という状態
この犬たちは
引き取り手が
見つからなかった
んですか
ええ
ワンちゃんも
猫ちゃんも
病気の子が残るから…
この子は腸が癒着して
大手術したのよ
今も週に一度
病院へ通っているの

この子は17年ここにいるけど
警戒心が強くてまださわらせてくれないいんです
何のトラウマがあるのかわからないけど
さわれないから爪も切れない
まさかこんなに手ごわいとは思わなかった
首輪をつけようとするとパニックを起こしちゃうの
当時ここにものすごく警戒心が強いワンちゃんルン…ちゃん？っていましたよね
えっ
ルンちゃん!?
この子がルンちゃん
!!
ずっと気になっていたんです
ウゥ〜ッ
グルルル…
あの状態で引き取れる人見つかるのかなって
ルンちゃんはお母さんも野良で生粋の野良だったの
よほどの事情がない限りほとんどの犬がもらわれていくんだけど
ついに引き取り手が見つからなかったの
ここに居たんだねまたきみに会えてうれしいよ
思わぬ12年ぶりの再会だった

vol.9 保護活動の荻原さん その2

保護活動は何年されているんですか？
30年
さ…30年
最初は個人で活動していたの
そうしたらこういう犬や猫がいるから引き取ってほしいって犬猫が集まってきて
その後動物保護会を教えてもらって
もう何百匹送り出したのか覚えてないわ
あの…ちなみに病院や餌の費用などは…
全部自腹
時々フードやペットシーツの差し入れがあるけど
30年間!!
じ…じ自腹
ドッ
たまに保護活動をしたいという方も現れるけど
長続きはしないですね
犬は最後の介護がとっても大変なの
白内障 夜鳴き 認知症 昼夜逆転…
数匹引き取ってこんなにお金がかかるなんて…とやめちゃうの
それなりのお金と覚悟が必要だと思います
あと体力ね
とは言っても私は主婦なので働いていないですけど…
旦那さん開業医ですか？
公務員よもう定年退職したけれど
公務員かぁなら余裕ありますよね
みんなが思ってるほどお給料高くないのよ

それこそ若い頃はやりくり大変だったけど
そもそも苦だと思わないし
犬や猫に本当に幸せになってほしいから
譲った先で幸せになってほしいから
責任重大!!
私、譲るときの条件厳しかったでしょ
いろいろ聞かれました
いちばん神経を使うのがそこなんですよ
変な人にあげて繋がれっぱなしとか粗末に扱われるならあげないほうがいいもの
誰にあげるかどんな人にあげるかっていうところ
キュイイイ
神経を研ぎ澄ましてありとあらゆる角度から見るの
家に来てもらって2時間くらい話して…
この子たちのその後のすべてを担ってると思うと
いい加減にはできないから
断ったことって
あります
あります
でもやっぱり人間って嘘つくでしょ
嘘発見器が欲しいのよね
すごい…

vol.10 保護活動の荻原さん その3

保護活動している人はみんな荻原さんみたいな方々なんですか？
譲渡の条件が厳しい理由がわかりました
いいえ
なかにはとっても悪質な保護団体や業者もいます
このフードを購入してください
こちらのペット保険に入って
寄付金10万円お願いします
この近くにペットショップやブリーダーのところで売れ残った子を
安く引き取って保護犬として転売する業者がいるんだけど
とんでもない飼育環境なの
ケージに入れっぱなしで糞尿まみれ
病気になっている犬や猫もたくさんいて
とにかく凄惨な状況でもう見ていられなくて
病気の子だけでも引き取らせてほしいとお願いしたの…そうしたら
一匹5万ね
お金取るのよ
だから仲間と2年間掃除に通ったの
けど…行くたびに犬猫が死んでいるし
飼育状況の改善を提案すると
冬なのでせめて毛布でも
病気の子だけでも

明日からもう来なくていいよ
だから黙って掃除をするしかなかったの
愛護センターや行政に訴え続けてようやく裁判になったけど
裁判所
30万円の罰金でおしまい
今も引き取り業を続けているのよ
法律ダメじゃん
ええ
だから私たちが助けているのは氷山の一角
知らないところでかわいそうな子がどれだけいるか考えると胸が痛くて
もし魔法が使えるなら
いっそのことこの世から動物を消したいと思うんです
はい…
だから動物を飼うとき
保護施設から迎えるのを選択肢に入れてくれる人が増えたらうれしいし
ニャ
かわいそうな動物がいなくなればもっとうれしいです

vol.11 保護活動の荻原さん その4

不幸な犬猫や殺処分をなくすにはどうしたらいいと思いますか？
それがわかればとっくにやってるわ
そりゃそうですよね
野暮な質問しちまった
ニャ〜
この3匹は親子なの
真ん中がお母さん
隣が子供
誰か親子3匹でもらってくれないかなって思ってるの
猫はこの子たちだけですか？
ううん、上の階にあと10匹いるの
さっきチャイムが鳴った瞬間一斉に二階に逃げたから
シュッ
あとは隣の家に30匹
隣の家？
隣が空き家になったからその家も買ったの
猫に
家購入!!
ブシャッ
誰か猫を飼いたいって人がいたら教えてください

だけど私もいい年でしょ
動物よりも私のほうが先に死ぬ可能性もあるでしょう
今は主に高齢だったり病気の犬猫を引き取っているの
飼育年数を逆算しないとですね
ルンちゃん庭に出る？
ガラッ
ここの動物たちみんな長生きですね
飼育のコツってあるんですか？
うーん…食べ物もあるけれど
自由でいさせてあげること
それがいちばんだと思います
この犬と猫は特に仲が良くていつもぴったりくっついてるの
犬が入院したときは寂しがってね
帰ってきたときはそれはもう大喜び
他の犬にはそんなことないのよ
その後も荻原さんの話は続き
カァ
カァ
気がつけば数時間が経過していたのだった

vol.12 右側じじい

右側歩け～
あ、右側じじいだ
近所に歩行者の右側通行を強要するじじいがいる
右側通行しろ～
私も何度も注意を受けたが
すみません
右側
腑に落ちない なぜなら
クソじじい
強そうな人には右側通行を強制しないのだ
死神
水中で獲物を狙うタガメのように
わ、いる
じじいは待ち伏せしている
ある日 いつものように右側じじいの注意を受けたが
たまたまムシャクシャしていた私はつい……
あの人
左側歩いているけど
なんで注意しないんだよぉ

と反撃するも
フン
あっさり
無視されてしまった
それ以来
じじいに遭遇
するたび
右側歩け～
ねえ、それさあ
全員に言ってる？
歩道はどっちを
歩いてもいいんだよ
逆にコミュニケーションを
とろうとした
こんにちは
しばらくすると
じじいは右側を歩けと
言ってこなくなった
……
心底面倒くさいヤツだと
思われたのだろう
やがて
じじいは姿を消した
あれから一度も
姿を見ていないが
曲がり角の先に
じじいがいる気がして
角を曲がるとき
つい身構えてしまう
面倒くさいヤツと
思われることも
ときには自己防衛に
なるって話でした

vol.13 **球に恋して**

いっくよー
銀はボールが好き
ハッハッハッ
ハッハッ
日に何度もボール遊びをする
向こうに走るスタンバイをしている
ソワソワ
それっ
空中キャッチ
ザッ
かっけー
じゃあボールをくださいな
離せっ
しかしボールを好きすぎて離してくれない
ぐっ
ぐっ
ガッ
もうっ
渡さないと投げられないよ
ポト…
さあ取りなさい
わあ、いい子

しゅっ
ニヤリ
とにかくボールへの執着がすごい
ちょい ちょい
今仕事中なんだけどな
それ
ホ〜ラ
人間の都合なんてわかんないもんね
深夜4時
チッ チッ チッ
ちょい ちょい
チッ チッ
ボール遊びに時間は関係ない
トン トン
あ
ゴロ ゴロ
シュッ
返しなさい
ジャガイモ
トン…
そして転がるなら何でもいいらしい

vol.14 # 台風散歩

ポテトは家の中で排泄をしない
なので
朝、夕方、深夜の一日3回
雨の日も雪の日も365日散歩している
大型の台風が直撃したある日
ゴォー
雨ヤバ…
この暴風雨じゃさすがに散歩は無理だわ
大型で勢力の強い台風が接近中です
でもおしっこを我慢させるのは体に良くないし
ってオイ散歩行く気満々じゃない
いや…外に出ればただごとじゃない天候ってわかるか
ポテちゃんさっと行くか
キィ
ビュォォォォ
雨風が強いので短いコースで済ませるつもりが
ゴォー
ザッ ザッ ザッ
ヒュォォー
ゴォォオオォォ
ザッ ザッザッ

ポテトはいつも通りの長いコースに進路をとった
ゴォォ
オオ
ザッ
ザッ
ポテちゃん正気か？
ねぇー
今日くらいは休みなさいよ～
はい…
ザーーッ
ゴオ
ええ、わかってます できることならそうしたいんだけど
散歩しないとポテちゃんの膀胱と大腸が…
ヒョォォォォォォォ
ホ
おしっこもうんちもしたからこれで帰れる
ポテ帰ろう
…！
ザー
読めない…
何を考えているのかまったく読めない
ザーーッ
バタン
ワシ
ワシ
雷は苦手だけど台風は平気なんだね
…読めない

vol.15 霊犬

月に一度通っている
整体院の先生は
霊が見えるらしい
まんきつさん
犬、増えました?
へ?
増えてないっすよ
二匹のままです〜
そうですか…
それ以上
深く聞くこともなく
そんな話も
すっかり忘れていた
数日後
犬の散歩を
していると
前から親子連れが
歩いてきた
女の子は
5歳くらいだろうか
見てー
犬だ
女の子はそう言って
犬を数え出した
イチ
ニ
サン
なるほどねー
点と点が繋がった
ぇぇ〜
「に」でしょう
犬、増え
ました?
サン
誰もいないのに
灯りがつく玄関
人感
センサー
犬の霊だ
今うちに
犬の霊がいるんだ

ということは
ご飯のときも
オヤツのときも
そこにいたのだ
く～ん
きっと
食べたかったに
違いない
その日から
ご飯もオヤツも
3匹分を用意する
ことにした
はいポテちゃん
次は銀ちゃん
順番ね
次は
キミの番
はい
そう言って
何もない
空間に
オヤツを
差し出した
二匹はポカンとした顔で
私を見た
「コイツ大丈夫か!?」
という表情があるのを
はじめて知った

vol.16 でっかくなっちゃった

犬の散歩をしていると
たまに黒柴を連れた人に出くわす
こんにちは
こんにちは
そのたびに思う
銀ちゃんって
デカくね？
銀より大きな黒柴を見たことがないのだ
うちの黒柴よりかなり大きいですね何キロですか？
ええ、14キロあるんです～
!? 14キロ
決して肥満というわけではなく全体的に大きいのだ
銀ちゃん
他の固体
※柴犬（雄・成犬）の平均体重は8～11kgと言われている
ハスキーですか？
大型犬に間違えられることだってある

子供の頃
ハスキーと暮らすの
夢だったんだよ
実質、夢が
叶ったような
もんだよ
銀ちゃんありがとね
グン
うわぁ
帰宅拒否だ
銀は一度
こうなると
テコでも動かない
ぐっ
もう1時間以上
歩いてるよ～
帰ってご飯食べよ
しーん
無
お水飲み
たくな～い？
時間があるときは
その場でしばらく
待ってみるが
ボー
状況が好転する
ことは少なく
抱っこして
帰宅している
うおりゃ
毎日のように
ハァハァ
ズン
ズン
14キロの肉塊を
抱えて歩いていると
どんどん
二の腕がたくましく
なっていく
とことん
やろうじゃないの

vol.17 封筒の上の奇跡

銀が子犬だった頃噛み癖がひどかった
ガリガリ
はじめて会ったときからその片鱗はあった
抱いてみますか？
かじかじ
こやつめっちゃ噛むな…
ガッガッ
家に来てからも噛み癖が治ることはなかった
また買い替えなくちゃ
ボロ…
バッグ
タッチペン
しつけ本もネットの記事も読んで試したが改善の兆しは見えず
犬のしつけ
正しいしつけ
犬の基本しつけ
コツやポイント
やってはいけない
いつからしつけ
何より困ったのは媒体によって書いてあることがバラバラなのだ
叱っても意味がない
叱らないとダメ
何が正解!?
悪いことをしたら無視
無視しても意味がない
こういう論争食べ物にもあるけど何が正解なんだろう
玄米は体にいいでしょ
いや玄米は毒だ
なのでここは素直にプロに頼むことにした
銀ちゃん今日はたくさんトレーニングしてお友達犬もできました
犬の学校に通い始めて2週間が過ぎた頃

噛み癖が治るどころか
トイレも完璧に
マスターしたのだ
しゃー
うっかりトイレシートを
敷き忘れたとき
銀が封筒の上に
ウンコをしたのには
心底驚いた
封筒
うそ…
排泄のプロ
その日の銀の様子が
記されたノートを読むのも
楽しかった
今日は
先輩犬に
遊び方を教えて
もらったのか
うちらのルール
おしえたるで
へー
社会性を
学ぶために
ホームセンターへ…
今でもたまに
やらかすときは
あるけれど
人を噛むこと
だけはしない
んだよな
なかなか
治らなかった
銀の噛み癖を
ドッグトレーナーは
どうやって
治したのか…
そして現在は
どんなしつけ方が
主流なのか
後学のために
知っておきたい
というわけで
犬の学校に
取材を申し込んで
みました

vol.18 犬の学校 その1

生後5か月から1歳まで訓練を受けた銀
今日は当時の話を伺おうと犬の学校「ミナクル」にやって来た
よろしくお願いします
担当トレーナー小坂先生
ご無沙汰してます〜
校長坂井先生
銀ちゃんは元気ですか?
はい食欲旺盛な3歳児です
訳 メシまだか
カン カン カン カン カン
ここでトレーニングを受けてからトイレを失敗したことないんです
封筒
しかも銀ちゃん近所の人気者で
先日ついに銀ちゃんを家の前で出待ちするおばあさんが出現したんです
銀ちゃん会いたかったわ
銀ちゃんは近所の幸せ度数を上げているかもしれない
銀ちゃんの訓練はぶっちゃけ大変でしたか?
最初はパワフルな子が来たな〜と思いましたけど
上手に教育してくれる先輩犬がいるので
エネルギーの発散は先輩犬にまかせてました
教育のプロがいるんですね

取材協力／**犬の学校「ミナクル」** 埼玉県さいたま市桜区田島1・12・10 TEL 048・762・8608

vol.19 犬の学校 その2

やっぱり噛み癖の相談って多いですか？
多いですね
お悩みは何ですか？
甘噛みと無駄吠えです
特に子犬の甘噛みの相談が多いです
噛み癖ってどうやって治すんですか？
その子の性格によって訓練の仕方は変わりますが
スッ
甘噛みの場合基本は噛まれても反応しないのが大事だと思います
噛まれたときに
ギャアアアアア
こちらが騒いだり高い声を出すと
Yeah!
子犬は「わ！盛り上がってる」という感覚になるので
プイ
噛んでもつまらないなと思わせる
……
噛んできても無視
しーーん
見ない声をかけない動かない

噛まれても反応を返さない
お地蔵さんになってくださいと飼い主さんに伝えています
そもそも犬は犬同士で噛みながら遊ぶことで噛む力の抑制を覚えていくんです
とにかく〝社会化期〟と言われる生後１か月から３か月のあいだに
同じくらいの月齢のワンちゃんや教育上手なワンちゃんと触れ合うのが大事です
子犬のときから犬同士で遊ぶことによって
ケガをさせるほど強くは噛まなくなっていくと思いますよ
たしかに…
私もたくさん姉弟喧嘩をしたおかげで
どれくらいの力で噛んだら歯形がつくか体得したもんな
すべて繋がってるな〜

vol.20 犬の学校 その3

時代によって犬のしつけ方が違うのはなぜですか？
そもそも犬の訓練の歴史って
軍用犬の育成から始まったんです
戦争で使う犬を訓練する厳しいトレーニングがメインでした
地雷探知
物資輸送
負傷兵捜索
ミナクルはあくまで家庭犬の訓練なのでオヤツやおもちゃを使って褒めてのばすトレーニングをしています
この先に地雷が埋まっているのね、モモちゃん
コクッ
たしかに今の日本ではこんなことありえないよな
あとずっと気になっていたんですけど
トレーナーから見て犬種ごとの性格ってあるんですか？
ええ、やっぱり日本犬と洋犬はかなり違いますね

秋田犬
甲斐犬
北海道犬
柴犬
紀州犬
日本犬ってサイズは違えどシルエットはだいたい一緒なんです
でも洋犬はシルエットがもう全然違うじゃないですか
外国は犬と仕事する文化があるのでその仕事をしやすいように犬を改良してきたんです
なるほど〜
銀はこだわりが強いところもあるけど和犬だからかな
ただ学校は楽しかったみたい
いよっ和犬だね
ミナクルのお迎えが来ると自分からクレートに飛び込んでいました
まつりだぜ
学校を嫌がるワンちゃんっているんですか？
いますよ
飼い主様と離れるのが苦手なワンちゃんとかそうですね
その子の性格だったりいろいろありますけど
やはり成犬になると受け入れるまで時間がかかりますね
子犬の頃は柔軟に受け入れてくれるんですけど
人間もじじいも性格を変えるのが難しいのと同じなんですね

vol.21 **犬の学校 その4**

トレーナーとして いちばん 大変なことは なんでしょうか
大変な こと…
う〜ん そうですね
犬が好きなので 基本触れ合える だけでうれしいから …難しい
あっ
大変なのは 飼い主さんと 打ち解ける ことです
犬じゃない のかい
どんなワンちゃんとも 仲良くなれるんですけど
人は簡単に 懐かないですからね
そういえば なぜ犬の学校を つくったん ですか?
大学生の頃に はじめて飼った 犬がきっかけです
ミナミ ホク
はじめて飼った ミナミの「ミナ」 次に飼ったホクの 「ク」で「ミナクル」です
シュナウザー
ストロングアイ ヘディングドッグ
ミナミが成長するに つれて犬と関わる 仕事をしたいと 思うようになって 「プレイボゥ」で働き 犬に社会性を 学ばせることの 大切さを知りました

※「プレイボゥ」は犬の保育園やペットホテル、ドッグトレーナー養成スクールを運営する企業

犬がたくさんの犬と遊んだり多くの人と触れ合う大切さを
きっとまだ知らない人がいるだろうなと思ってミナクルをつくったんです
社会性のある犬
どーーん
さまざまな音、場所人、外的刺激に対し平常心を保つことができる
でで―――ん
問題行動の多くは子犬のときに社会性を身につけることで予防できるんです
車のサイレン
見知らぬ人
他の犬
掃除機などの生活音
結局すべて社会性か〜
なぜだろう…心が痛むのは
ズキ
ズキズキ
集団行動
犬の苦手
ハッ
もしや…うちでいちばん社会性が高いのって銀ちゃん？
社会性乏しい
社会性乏しい
ハハハ
ガクガク

vol.22 経験した人たち

犬の散歩をしていると
何かを懐かしむような愛おしむような眼差しで犬を見つめる人とすれ違うことがある
さっきの人相当な犬好きなんだろうな
ある日散歩中に話し掛けられた
かわいいですね
うちも雑種を飼っていたんです
ほんとよく似てる
彼女はポテトをじっと見つめると
亡くなって3年たつけど思い出すとまだダメだ〜
そう言ってポテトと銀を丁寧に撫でて去っていった
ありがとう

そのとき
気づいたのだ
あの人たち…
みんな
愛犬との別れを
経験している
あの眼差しは
愛犬との思い出を
懐かしんでいたのだ
私もいつか
そうなる
懐かしむように
愛おしむように
犬たちを眺める
日が来るだろう
その日は空に
きれいな虹が
かかっていた
虹を眺めながら
二匹と散歩した
今日という日を
忘れないでおこう

vol.23 続・右側じじい

てっきり死んだと
思っていた右側じじいが
生きていた
右側を歩け
じじいと戦った
日々はいったい
何だったのか
フン
再び無益な争いの
日々がやって来るのか
フン
ほんとヤダ
じじいとやり合うの
すごい消耗する
んだもん
しくしく
結局散歩の時間帯と
コースを変えることで
済ませることにした
ある日
ベランダで洗濯物を
干していると
あ…
右側じじいだ

!?
そこには左側を歩く右側じじいの姿があった
またとない反撃のチャンス!?
「右側歩け〜」ってじじいに叫んだらどうなるん？
ドキドキ
右側〜歩け〜（小声）
ボソッ
私ってちっさ

vol.24 校庭の熊

当時通っていた
中学校に
たまに大きな犬が
出没した
あっ、犬
ときどきやって来て
校庭を走り回り
どこかへ消える犬
ハッ
ハッ
でっけー
人より
デカくね?
こら〜
外を見る
んじゃない
げら
げら
黒いふさふさの
毛に覆われた犬は
まるで熊の
ように見えた
今から34年前
田舎ではまだ
犬の放し飼いが
珍しくなかった
家の近所の文房具屋で
はじめて室内犬を見た
衝撃は忘れられない
キャン
キャン
ええ!?
なんで!?
犬が家の中に
ある日
体育の授業中に
犬があらわれた
犬を追い払おうと
する教師や
犬が怖くて
逃げ出す生徒
だが
なぜか
へっ
へっ

私には懐いていた
ハッハッ
犬は私を見つけると一目散に走ってきた
おまえよく怖くないな…
ハッハッ
だってこの犬うんと人懐っこいんだもん
代わり映えしない学校生活を一変させた迷い犬
あのデカい犬当時145センチの私の身長を軽々超えてたな
今となっては本当に犬だったのか
それすら疑わしい
…が ある日ツイッターを見ていたら
あの犬とおんなじ
やっぱ犬だった！熊じゃなかった！
秋田犬虎毛の男の子
保護しています
長年の謎が解けた瞬間だった
秋田犬の虎毛だったのか
ツイッターすごいな
そして思った
てゆーか放し飼いすんなよ
昔はよかったというが犬の飼い方は断然今のほうがいい

vol.25 犬の勘

犬はいつも飼い主を見ている
ほんの少しの変化を見逃さない
カッ
カッ
ノミ取りそろそろかな
カサ
ライ
犬ノミ
ノミ予防
マダニがいなくなるよ
カンタンで長く効く!
ペリ…
スッ
スッ
寝ちゃお～
しーーん
ポテポテ～
しーん
首にちょこんしたらおいちいオヤツ食べよっか

ノミよけの液体を
とても嫌がる二匹
ひんやりするからね
あ～あ仕方ない
ヤサ
オヤツでも食べようかな～
スッ
スッ
……
と見せかけて
スッ
スッ
なんて勘がいいんだ…
スッ
犬は人間の二倍勘が優れていると言われており空気圧の微妙な変化や重力の違いに素早く気づくのだ!!
だが自分がしたオナラには気づかない
キョロ
今の音なに？
くせ～

vol.26 犬ネットワーク

えっ、うちもミナクル通ってましたよ
犬飼い同士で発生する会話も多い
この近所の人みんなミナクル通ってますね
ふぅ…
犬は
飼い主にけっこうなコミュ力が求められる気がしている
ポテトを引き取る前妹に言われた言葉をたびたび思い出す
え…
おねえちゃん犬飼うの？犬って対人スキルないときびしいよ
大丈夫なん？
道で拾ったメイちゃん
犬ネットワークにまざれる？
ドッグランで仲良くできる？
当時は意味不明だった妹の言葉が今ならよくわかる
ではコミュ力が低い飼い主はどうすればいいのか
ニコッ
あらワンちゃん
フィ
絶対話し掛けないでくれという空気を出す
これでいいんだ今度真似しよっと

vol.27 **ドラゴンと犬 その1**

ちょんぴー おもしれー
犬の表情
この顔～
小田原ドラゴン コミュ力低いなぁ
へぇ～ コミュ力なくても 犬飼えるんだね
小田原ドラゴン著 三本足のちょんぴー
ぼくと三本足のちょんぴー
漫画『ぼくと三本足のちょんぴー』には
小田原ドラゴンさんと ちょんぴーの暮らしが ゆるやかに描かれている
1歳のときに 癌で足を失った ちょんぴーだが
足が1本ないことなんて おかまいなし
元気に走り回る ちょんぴーちゃん
つぶらな瞳の ちょんぴーちゃんと
コミュ力低めの小田原さんに
散歩中に発生する コミュニケーションの 対処法を聞いてきた
どーも
ワン
ワン
キャアぁぁぁぁ 本物のちょんぴーぃ ちっさぁ、かわいいいいい

今日はありがとうございます
早速ですが質問…
あら～
ぴょん
やっぱり膝の上がお気に入りなんですね～
そうですね
プル
プル
プル
ちょんぴーちゃん寒いのかな？
小刻みに震えているのは
たぶん緊張しているからですね
ちょんぴーちゃんおとなしいですね
そうですね、ここに来る前「今日はおとなしくしてね」って言い聞かせ…
ワン
ワン
やめて
ワン
ワン
ワン
ちょんぴーやめて
なにがウゥだ
ウゥ…
ワン
ワ
ほら、ちょんぴーオヤツだよ
おすわり
はぅ
はぅ
漫画と同じだ

vol.28 ドラゴンと犬 その2

漫画の中ではちょんぴーちゃんに隠れてプリンを食べてましたよね
もぐもぐ
わしはなんでこんなに犬にビビリながらオヤツを食べとるんや
ええ、今でもマックは車の中で食べますね
ただ食べ物への執着心が強いから訓練はしやすいですよ
なっ
トイレはすぐ覚えましたから
ちょんぴーちゃんレシートの上に完璧にうんち乗せてましたもんね
家でご飯を食べるときはどうしてますか？
ワンちゃんの「ひと口おくれ」の圧は耐えがたいですよね…
じーっ
そういうとき僕はキャベツだけあげたりしてます
なるほどな〜こんな拷問があったらキャベツでやり過ごそう
ぜ…全部話すから
ゆるしてくれえ〜 !!!
じ〜っ
じ〜っ
犬を飼い始めて生活はガラッと変わったと思うんですけど
いちばんの変化ってなんですか？
もともと本当に人付き合いをしてこなかったので…変化を挙げるとしたらちょんぴーっていう友達ができたことですね

どうした？
ちょんぴー
はぅ　はぅ
退屈したみたい
ですね
ぴょん
ガサ
ガサ
ガサ
はぅっ
やめて
ワン
ワン
ワン
ワン
待って
ちょんぴー
ワン
ワン
おすわり
待て
スッ
オヤツ
プル
プル
よし
ガッ
ガッ
吠えたらもらえると
思っちゃうから
本当はダメなんですけど
なんかもう子供と
一緒ですよね
退屈すると
騒ぎ出して…
ちょんぴーは
子供であり
友達でもあるんです
いなかったとき
どう生活してたん
だろうって思います

vol.29 ドラゴンと犬 その3

正直に言ってコミュ力がないと犬の散歩ってキツくないですか？
嫌でも散歩中に知り合いができるでしょう
11年飼ってきてゼロです
ゼロ…？そんなの不可能ですよ!?
だって犬の散歩をしているとめちゃくちゃ話し掛けられるし
そういう気配を察したら道を変えてますね
とはいえ避けがたいときもあるじゃないですか
たまに道の向こうで待ってる人もいますけど
僕、道変えるんです
悪いと思いつつ
すいっ
徹底している…
そもそも早朝に散歩することが多いしあまり人に会わないですから
地域であだ名ついてそう
なんだろはぐれメタル？
ちょんちゃん草くっついてる

つーか私は最近
犬がいるだけで
満たされちゃって
人付き合いを
あまりしなくなったの
さすがにちょっと
ヤバい気がして…
小田原さんは
どうですか？
僕はむしろ
飼う前が心配
でしたよ
犬って十数年生きる
じゃないですか
犬を愛せなかったら
どうしようって
それがいちばん
心配だったので…
正直
こんなに
感情のある
生き物だと
思わなかった
僕が寝込んだとき
の行動とか…
この人ほんと
いいことを言うけど
年金払ってないんだよな
※今は反省して口座引き落としで払っているそうです
そういえば
小田原さんが
寝込んでいたとき
ちょんぴーちゃんが
おもちゃの差し入れ
してましたよね
え
うそだろ!?
もうやさしさでは
犬にかなう気が
しないですもん
すげーな
ちょんちゃん
ちょんぴーは
僕よりも断然
コミュ力が
高いんです

vol.30 ドラゴンと犬 その4

ちなみに我が家のポテトはもともと保護犬で
銀はペットショップで買ったんですけど
ペットショップで犬を買うことに批判的な意見って多いじゃないですか？
保護犬を引き取ってほ
命あるものに値段をつけるな!
保護犬を広めてほしかった
ペットショップ、マジでなくなれ
生体販売はなくすべきです
今振り返ってどう思いますか？
そうですね
もちろんパピーミルはなくなってほしいですよ
ちょんぴーももともとはペットショップで買いましたけど
犬と暮らして今思うことは
やっぱりどこで買うかより
最後までどう飼うか
それが大切だと思います

※「パピーミル」とは愛玩動物を営利目的で乱繁殖させる悪質なブリーダーのこと

わかった
わかったって
ちょんぴーちゃん
もう限界みたいですね
ワン
ワン
今日は貴重なお話をありがとうございました
ちょんちゃんをしっかりと目に焼き付けました
いえいえ
小田原さんとうれしそうに走るちょんぴーの姿があまりにも美しくて
ほら、ちょんぴー帰るよ
長生きしてくれよ ちょんちゃん
胸に熱いものが込み上げてきた
犬と飼い主が楽しく暮らせるのがいちばん大事だもん コミュ力は関係ないよ
今日はいい話をたくさん聞いたよ
なのに年金納めてないなんて人ってわかんないもんだよな
※今は反省して口座引き落としで払っているそうです
あ〜早く帰って犬さわりて〜
家に帰って録音した音声を再生してみると
ぴ
インタビューそっちのけでちょんぴーに夢中な声が延々と録音されていたのだった
なんだこりゃ
ワン
ちょんぴーちゃん
あらまぁ
おすわりして
蚊がすごい
ワン
ワンワン
あ、刺された
蚊!!
ちょんちゃん
ワン
聞きたいこと半分も聞いてない

vol.31 真似する犬たち

プル
プル
すごい
プルプルしてる
キリッ
ま…
マッサージね
もみ
もみ
犬が先住動物の
真似をすることは
よくあるそうだ
オヤツだよ
シュッ
ちなみに銀は
ポテトと同じ
ポーズで骨を食べる
ガリ
ガリ
チラッ
なんか自分を
見てるみたい
ガリ ガリ
ガリ ガリ
ポリ ポリ

vol.32 やさしい嘘

散歩コースに
銀がよく懐いている
おばちゃんがいる
今日おばちゃん
いるね
あらあらら～
いた
こんにちは
おばちゃんは
銀のことを
リンちゃん
と呼ぶ
リンちゃん
今日も元気～
いえ～い
ハッハッ
もう数年「リンちゃん」
名前は？
銀です
ぎん
ぎ・ん
です
リン？
リンちゃんね
はじめから「リン」だった
名札つきのハーネスで
アピールしたり
そこまで
する？
漢字で説明しようとも
思ったが
銀杏の銀
なんです
ズッ
正したところで
別に銀とおばちゃんの
関係が変わるわけじゃ
ないし
なんとなく
そのままである
今日は
リンちゃんだね
なので銀には
名前が二つある

ポテトの散歩コースに
それ柴犬？
柴？
毎回「柴犬？」と聞いてくるおじいさんがいる
雑種です
ウチは昔柴を飼っていたんだよ
おじいさんにとって茶色い犬は全部柴犬なのかもしれない
それ柴？
…じゃないですね
ある日おじいさんといつものやりとりが始まったが
毎度のやりとりが面倒になってつい
もういーやめんどくせえ
柴犬っす
と答えた
そっか～柴か～ウチも昔柴いたんだよ
パァァァ
はじめて見るおじいさんの笑顔
もうこれからはおじいさんには柴犬って言おうかな
なのでポテトには犬種が二つある

vol.33 犬とゴムパッチン

パシってなるから
やめて銀ちゃん
怖い
ぐっ
フン
フガ
心臓に悪い
飽きたところで
すぐ取り上げ
なきゃ
ドキドキ
ひとりで遊び出した
みょーーーん
ブンブン
みょーーーん
何が
楽しいんだろ
にょーーーん
パシってなる
パシッ
あぁっ
逆に気に入った
らしい
みょーーーーん
……

vol.34 スッスッス

ペリ
スッ
……
パタン
スッ
ペリ
ペリ
スッ
すげー鼻いいな
ジュ〜
ちなみに食べ物ではないとき
スッ
ポテトは来ない

vol.35 近所の落とし物

いつもうんちが
落ちている
まただ~
ほんとヤダ
どういう
神経よ？
ポテか銀の
だと思われたら
心外だよ
見つけたら
拾ってはいるが
近所を散歩
しづらくなるから
片づけてほしい
どの犬がしたかも
わからないうんちを
片づけるのは
いい気がしない
人糞？
いや
この大きさは
小型犬か？
アスファルトに
うんちがつかない
ように
ビニール袋で
受け止める人や
シートの上に
うんちをさせる人は
見たことがあるが
放置する現場には
いまだ遭遇していない
……でも
間違いなく
近所にいるのだ
どういう気持ち
なのだろう

ある日
いつものように
散歩をしていたら
うんちを
見つけた
ホヵ
ホヵ
明らかに
出来立てだった
まだ近くに
いるっ！
アイツだ!!
手ぶらだ
視線の先には
おじいさんと
年老いた
小型犬がいた
ヨボ
ヨボ
腰曲げるのも
大変そう…
あれじゃ
拾うの無理だわ
それ以来
うんちを
拾うたびに
これが
あの子の
うんちか〜
とは全然ならないが
私はうんちを
拾っている

vol.36 大型犬クウちゃん

ブンブン
近所にクウちゃんという超大型犬がいる
でっけーー
クウちゃんは庭で飼われていていつも近所の誰かに撫でられている
超大型犬は本当にデカい
超大型犬
ポテ
銀
ハッハッ
はじめて見たときはその大きさに驚いた
ふと隣を見るとポテトも驚いていた
そして銀は
我先にと挨拶していた
ちゃー
ぬっ
あいつ…ほんと社交的だよな
ちょっと引くわー

ワン ワン
ポテトは自分が勝てそうな相手には強気に出るが
キャン
キャン
クウちゃんの前では気配を消す
フッ
すごいね…ポテ…あんたそんなことまでできるのかい
能力高すぎじゃない？
フッ
クウちゃんは体の大きさとは裏腹に穏やかな性格で
近所の人たちにうんと可愛がられている
ぬぼー
だからときどき撫で待ちが発生する
あのおばちゃんの次に撫でよう
そしてやはり鳴き声は重低音だ
ヴォン
ヴォン
クウちゃんの声が遠くのほうから聞こえる日もある
ヴォン ヴォン
クウちゃんの声だね
今日も撫で待ちが発生している
散歩の楽しみがひとつ増えた

vol.37 田舎はデンジャラス

8年ほど前 実家近くの雑木林を 散歩していた ときのこと
やはり犬も自然が 好きな様子で
ルン♪
ルン♪
原っぱを散歩する ポテトはとても 生き生きとしていた
そんな矢先 足元でカサカサ 音がした
カサッ
ヘビだった
大きめの シマヘビが すぐ足元を 並走していたのだ
ひょっ
そのとき 同じくヘビに 驚いたポテトが
ぴょーーん
垂直に高く 跳びはねた
その後もヘビがついて来ないか 背後が気になるポテトだった
もういないって
くるっ
くるっ

またある日
実家近くを散歩
していたところ
ワウ　ワウ
畑の向こうから
すごい速さで犬が
走ってきた
直感で「ヤバイ」と
思ったが
そう思った
次の瞬間には
ポテトの後ろ脚が
噛まれていた
キャンッ
必死に犬を
引きはがした
コラッシッ!!
&%#!!△
キャン
キャイーン
畑で草むしりを
していた
飼い主が呼ぶと
犬は離れたが
ジョン～
もぉ――
ちゃんと
リードで
繋いで～っ
怒りのあまりタメ口
無言
ヘビよりノーリード
の犬が怖いという話

vol.38 育犬ノイローゼ その1

漫画家夫婦の沖田×華ちゃん桜壱バーゲンさんの家にお邪魔した
沖田×華ちゃん
桜壱バーゲンさん
ピノちゃん
ワン
ちわー
ミニチュアシュナウザー2さい女の子
人懐っこい~
やべーめちゃくちゃかわいい~♡
家、片付いてるね~
ピノが何でもズタボロにするから♡
犬がいると床に物を置かなくならない？
キッチンも犬が入れないようにしてある
ピノが入ると危険やからね
柵に結んであるバンダナはなあに？
ああ あれは…
目印がないとお味噌汁こぼすんだよね、うちら
発達障害あり
ガシャ
ガシャ
老化
二人とも柵が見えなくて

転びすぎて柵が曲がってるやろ？
よく見ると
ホントだ
ヒャヒャヒャヒャ
チョイ
チョイ
どちたのピノちゃん
じ〜〜〜っ
みつめっ
筋肉ムキムキのおじいさんと見つめ合ってる気持ちになるな
じ〜〜〜〜ッ
※女の子です
まんきつさん
俺のスマホピノだらけ
ピノが寝グソしたときの写真見せてあげたら
あれな
ドッグランで犬見知りしてる写真は？
写真がありすぎて探すの大変で
なんか二人の子供みたいだね
ここまでが大変やったもんな
二人で育犬ノイローゼになったよな…

vol.39 育犬ノイローゼ その2

1年半前
覚悟を決めて迎え入れた子犬の世話は
想像以上の大変さだった
トトトト
トトトトッ…
こんなに噛むなんて
俺たち一日中うんこ拾ってるな
タタタッ
ぴょん
シュッ
犬がいればうつ病も治ると思ったんだけど
当時うつを患っていた桜壱バーゲンさんのうつは悪化し
沖田×華さんはアスペルガー症候群の嗅覚過敏で睡眠障害に陥り
プ〜ン
ルーティンが崩れるからしばらく仕事場で寝るよ
週に何日か自宅とは別の作業場で寝泊まりするようになった
大変すぎて思わず漫画に描いたよね
ざわざわ毎日やらかしてます。
世話で精いっぱいで子犬のときの写真がほとんどないの
もっと撮っておけばよかったって思うよ
必死すぎてかわいいと思う余裕もなかったけど

ある瞬間からすごく愛しく思えるようになって
愛しくなる瞬間…？
俺がオナラをしたら
ボーッ
ブーーッ
ピノがぴょ――んてジャンプしてきて
オナラのにおいをずっと嗅いでいたんだよ
クン スン スン クン クン クン
その瞬間からピノのことずっと好きなの
ポッ
そのときの動画があるんだよ
そうそう
と言って動画を見せてくれたが
動画の内容よりも屁のリアルな響きにドン引いた私だった
プブピーーブッ
身も出てるなコレ…

vol.40 続・大型犬クウちゃん

最近クウちゃんの元気がない
こちらの姿に気がつくと
しんどそうに起き上がってやって来るので
無理して来なくていいよ
寝てる
起こさないように気配を消して素通りしている
クウちゃん何歳なんだろう
大型犬ほど寿命が短いって聞くしな…

ある日の夜
ぼんやりクウちゃんのことを考えていたとき
名案を思い付いた
私の寿命を分けてあげたらいいんだ
深夜に急いでクウちゃんの家まで行って念を送った
私の寿命と引き換えにクウちゃんの痛みが消える消える消える…
パワ
通報されずに済んでよかったと思う
我ながらどうかしているが
近しい者の死を感じ取ると人は突飛な行動を起こすものなのだ
数日後クウちゃんは見違えるほど元気になった
寿命を縮めた分幸せを増やせたらいい

vol.41 思わせぶりな便意

深夜
ヒン ヒン
たまにポテトに起こされる
ヒン ヒン ヒン
突然うんちがしたくなるようだ
そわ そわ
あーちょっと待って
銀ちゃんはお留守番ね
いってきます
ふあ〜
ポテトはうんちが済んだら家に連れ戻されることを知っているので
てってってって
うんちしない…
てっ てっ
散歩を引き延ばす気だな
便意は限界のはずなのになかなかしない

ようやく…
と思いきや
しない
こちらの様子を
うかがいながら…
しない
それを
何回も繰り返して
うんち出た〜
ただいま
銀ちゃん
時間かかっちゃったね
家に戻ると
かなりの確率で
銀はふてくされている

vol.42 雨空

その日は冷たい小雨が降っていて
いつもと明らかに違う空気だった
何が起きたのかすぐ理解した
でも認めたくない
そんな気持ちで恐る恐るクウちゃんの家の門に近づいた
クウを可愛がってくれたみなさんへ
○月○日クウは永眠しました
今までたくさ
クウも嬉しそ
飼い主の手紙が張ってあった
ずっと体調悪そうだったもんな
銀ちゃん クウちゃんはもういないよ

いつもクウちゃんがいた場所に近所の人からの手紙や花束が供えられていた
クウちゃんへ
銀はいつものようににおいを嗅いでいる
ポテトはいつもと違って気配を消さずにいる
クウちゃんにちゃんとお別れ言えなかったな
この先あと何回別れを経験するのだろう
雨が一段と強まるなか思い切り泣いた

おまけ漫画 犬もいいが猫もいい

23年前——実家近くの公園の茂みから黒猫が顔を出した
まんきつ当時24歳実家暮らし
クロちゃん…⁉名前ついてるのか
視線の先には「クロちゃん」とマジックで書かれた段ボール箱があった
クロちゃん
ニャー
クロちゃんはめちゃくちゃ話し掛けてきた
何か言いたいことでもあるのかい
ニャー
ニャー
ごめん、猫語わかんないよ
ニャオ
ニャオ
後ろ髪を引かれる思いでその場をあとにした
クロちゃん
あの公園昔から野良犬や野良猫が住みつくんだよな
名前をつけて捨てられるってどういう状況なんだろう
一週間後再び見かけたクロちゃんは公園のゴミをあさっていた
この前より野生化してる
ガサガサ
それからしばらくして公園のそばを通ると
もうクロちゃんの姿はなかった

…と思ったら公園近くのコンビニでヤンキーの施しを受けていた
ほら、やるよ
ガッ
ガッ
コンビニの入り口にいれば人が食べ物をくれることを学習したのかもしれない
それでも栄養が足りていないのかクロちゃんは前よりずいぶん痩せていた
ンナッ
うちで飼うしかない
家に連れて帰り内緒で飼ったがすぐにバレた
でも全然怒られなかったのはクロちゃんが異様に人懐っこかったからだろう
初対面の両親にゴロゴロ言いながら頭突きをかまして
ゴロゴロ
トッス
トッス
ゴロゴロ
すっかり気に入られてしまった

父はクロちゃんを
溺愛するようになり
クロは
オレの猫だ
と言い出した
その結果
クロちゃんは
父が経営する会社で
日中を過ごし
夜は自宅で寝る
生活となった
ある年、父の会社で働く
Oさんが草野球のために
河川敷を野焼きした
ゴォー
すると
たまたまそこにあった遺体が
黒焦げで発見されるという
事件が起きた
プス
プス
Oさんは真っ先に
犯人だと疑われ
彼のアリバイを聞くために
刑事が会社にやってきた
緊張に満ちた空気のなか
その日Oさんは…
ゴロゴロ
ゴロゴロ
ドン
ゴロゴロ言いながら
刑事に頭突きするクロちゃん

頭突きのあと
クロちゃんは
刑事の膝の上で
すやすやと
眠り始めたそうだ
ほっこりした
取り調べだった
という
結局、死体は
Oさんとは無関係の
ホームレスだった
河原で行き倒れて
そのままだったらしい
数年後、私は
結婚することになり
クロはオレの
猫だぁぁぁ
お父さんが
クロを連れて
行くなって
父の猛反対を
押し切って
クロを連れて行った
（私のほうが面倒見よく
何かあればすぐ病院に連れて行くから）
そんなみんなのアイドル
だったクロちゃんは7年前
18歳でこの世を去った
ニャニャッ
ンナッ ニャ
ニャー
おしゃべりな
猫でした
今は二匹の犬と
暮らしているが
道端で黒猫を見かけると
いつもクロちゃんに
会いたくなる

①

②

①いつもカメラ目線の銀。
②お鼻がつやつやだね。
③やりたい放題でもトイレは外さない銀。
④犬の学校でかけっこ。楽しいね。
⑤常に見つめてくるポテ。ずっと見つめ合っていたい。
⑥たいてい日向にいる。
⑦ポテが心を開いている友人さいちゃん宅にて。
⑧肉を焼くと秒で見に来る銀。

犬々《わんわん》ワンダーランド ①

発行日　2023年6月6日　初版第1刷発行

著者　まんきつ
発行者　小池英彦
発行所　株式会社 扶桑社
〒105-8070 東京都港区芝浦1-1-1 浜松町ビルディング
電話　03-6368-8875（編集）
03-6368-8891（郵便室）
www.fusosha.co.jp

印刷・製本　大日本印刷株式会社

装丁・本文デザイン　江森丈晃
校正　青木礼子（聚珍社）
編集　髙石智一

ISBN978-4-594-09476-8